玄真午　毕业于韩国首尔大学植物系，并取得韩国顺天乡大学保护生物学专业博士学位。家乡位于美丽的济州岛，在海边度过了美好的童年，也因此深深地爱上了大自然。曾担任月刊《人与山》总编辑。现任韩国东北亚生物多样性研究所所长。作品有《小而了不起的种子》《越了解越有趣的花草故事》《草木200种》《"植物"根深，我的朋友》和《四季花山行》等。

崔惠珍　大学时期专攻雕塑，曾是设计师。初为人母后迷恋上了画画，喜欢将日常生活中的点滴故事做成画册。以此为业，深感幸福。作品有《爸爸和星期六》《妈妈为什么那么好？》等。

这本书有 **7** 个有趣的部分哦！

你好啊 小·草	最让人好奇的小·草之谜
相遇了 小·草	小·草原来就在我们身边
好奇呀 小·草	小·草的秘密快来看这里
惊讶咯 小·草	小·草的那些"不可思议"
思考吧 小·草	小·草啊小·草我想研究你
享受吧 小·草	和小·草一起快乐做游戏
保护它 小·草	小·草啊小·草我来保护你

神奇的自然学校

小草大世界

（韩）玄真午 著
（韩）崔惠珍 绘
白春爱 陈秀秀 译

辽宁科学技术出版社

·沈阳·

小草和大树
有什么不同呢?

随着树龄的增长，树干会慢慢变粗，树干里面会长出年轮，但是小草却长不出年轮。
小草在不起眼的角落里也能茁壮生长。不过和大树不同，到了寒冷的冬天，它们大多会枯萎消失，只剩下根埋藏在土壤里。
小草好像比大树脆弱得多，因为它不像大树那样可以做柱子，建造房屋。
小草的种类非常多，到处都能看到各种各样的小草。

观察花草

小草在我们身边随处可见，它们一般生长在田间或路边。说起植物，大家一般都会想到大树和小草。比起大树，小草的种类要多很多。

一年蓬

荠菜

泥胡菜

断肠草

8

一般情况下，我们身边生长的草分为3种：一种是在本国土生土长的草，叫作"本土草"；一种是从外国引入到本国的草，叫作"外来草"；还有一种被本土化的"外来草"，被称为"归化草"，这类草具有较强的生命力和旺盛的繁殖能力。

蒲公英

荠菜

小草虽然和大树一样同属于植物，但又与大树不同。大部分小草由根、茎、叶组成，也有些小草没有茎，直接从根上长出叶子。对于小草来说，根非常重要。因为无论是在地面、树上，还是在岩石上，它们必须先扎根才能生长。

到了寒冷的冬天，小草的茎和叶会枯萎。有些小草的根会枯死，有些小草的根会活过冬天。

狗尾巴草只能活一年，之后根、茎、叶都会枯萎。

车前草的根、茎和叶可以活很多年。

到了冬天，那些裸露在地面上的小草，茎和叶都会枯萎。但是生长在热带地区的小草不受影响，根、茎和叶依然会存活。

葶苈是二年生草本植物，冬天在光照充足的地方才能生长。

树林里长着各种各样的小草。到了春天，在经历了整个冬天冰冻的大地上，嫩芽破土，万物复苏。五颜六色的花儿开始绽放，迎接春天的到来。不过，花草们要赶在大树变得枝叶茂密之前开花。只有这样，才能更多地接受阳光的照耀，结出质量更好的种子。这是花草们领悟到与大树和谐共存的道理。花草们是不是很聪明啊！

侧金盏花

植物之所以开花是为了产生同自己相似的新个体。花落之后结出果实，种子包含在果实里，人们把这个过程叫作植物繁殖。植物在春天长得非常快。

莵葵

牡丹草

元胡

臭菘

蔓金腰

飞燕草

"生物钟"是生物体生命活动的内在节律性，像一种无形的时钟。比如，天气变暖或白天变长时，植物开始发芽。夜来香总是在白天合上花瓣，夜幕降临时尽情绽放。

山野的春花盛宴结束后，随着气温日益升高，树丛中展现出一片绿油油的景象。羞答答的漫山春花慢慢消失不见，而夏天的野花开始悄悄绽放。夏天的野花为了躲避炙热的阳光，偷偷地藏在清凉的树丛中、温度较低的海边或高高的山上，静静地绽放。

生长在树丛中的小草

槭叶蚊子草

杜鹃兰

黄海棠

东北百合

狼牙委陵菜

肾叶打碗花
（喇叭花）

14

生长在高山上的小草

虎耳草

伏毛银莲花

七瓣莲

高山植物是指生长在森林线以上的植物。森林线是指山地森林上限连续不断的森林分布界线。一般海拔高于森林线的地方只生长一些小草或较矮的树木。所以高山植物一般比较矮小，但是它的根部却十分发达，强风也吹不倒它。

生长在水边的小草

肾叶打碗花

百脉根

卷丹

在海边、高山或田野等地都能看到野花的影子，可见野花对环境的适应能力多么强。

15

到了秋天，在田野里、山里或小河边到处开满野花。田野里、山上的紫花毛山菊和野菊花等争先恐后地开了起来。池塘里的菱、龙舌草和狸藻等水草也都开着花。对于生长在水里的植物，开花会受到水温的影响。如果天气变冷，花就不那么容易开了。

菱是生长在池塘里的一年生草本植物。果实呈三角形，很坚硬，富含淀粉，可以食用。

龙舌草是生长在水田或池塘里的一年生草本植物。虽然它的叶子长于水中，但花却开在水面上。它的叶子和生长在陆地上的车前草相似，但却是完全不同的单子叶植物。

睡莲

狸藻是生长在池塘里的多年生草本植物。它没有根，漂浮于池塘水面上。

水生植物能起到净化水质的作用，对环境十分有益。它还常被昆虫选作产卵的场所。

16

水生植物的花期不尽相同。有的植物在水温比较暖和的晚春或初夏生长，到了夏末或初秋开花。

睡莲和金银莲花一般在7-8月开花，根据水温的不同，有时也会在初秋开花。

紫花毛山菊

金银莲花

野菊花

秋天山上的野花有紫花毛山菊和野菊花等。紫花毛山菊是生长在高山岩石地带的多年生草本植物。紫花毛山菊是较有代表性的秋季花草。它的叶子和花有淡淡的香味。

17

到了冬天，小草呈现出与大树完全不同的景象。大树的叶子落了，但茎还保留着，即使冬天也与其他季节一样保持在原地。而小草就不同了，一到冬天，茎和叶就枯萎消失了，很难再找到它们的痕迹。如果仔细观察，你会惊奇地发现那些紧贴在地面、与严寒抗争的坚强的"小家伙们"！

在寒冷的冬天，也有一部分小草依然活着。冬天，你可以把森林中堆积的落叶或积雪扒开，找一找藏得严严实实的小草们。

药用蒲公英是莲座状植物。叶子从根部长出，呈莲座状散开。一到春天，叶子之间便会长出根茎来。

药用蒲公英

荠菜

葶苈

葶苈和荠菜在冬天长出根和嫩叶。它们的茎和叶长在地上，根长在地下。因为天气寒冷，生长速度十分缓慢，叶子以莲座状散铺在地上。

荠菜、月见草、一年蓬等植物，在冬天也可以生长得很好。像药用蒲公英和大蓟的根和茎冬天依然存活，一到春天，它们很快又变得嫩绿起来。这些小草不畏严寒，具有较强的生命力。

寄生于其他植物或大树上的小草

在自然界中，植物通过光合作用制造有机物。大部分植物都是如此，但也有一部分植物例外，如一些寄生植物，它们自身不含叶绿素或含量很少。也正因如此，它们的身体不呈绿色而是呈灰白色的。这些植物无法进行光合作用。它们将自身的维管束扎进其他植物的根部或茎部，以此吸收水分和养分，比如齿鳞草、草苁蓉、菟丝子等。其中，齿鳞草生长于山毛榉树林中，本身不含叶绿素，所以整体呈灰白色。

齿鳞草

小草的寿命长短不同

小草的寿命有多长呢？

有些小草的生命只有一年，有些是两年。当然，也有能活很多年的小草。

对于只活一年的小草，我们称作"一年生草本植物"。这类小草在春天发芽，同年开花结果后自然枯亡。

"二年生草本植物"于秋天发芽，第二年开花结果后自然枯亡。

"多年生草本植物"发芽后许多年不会枯亡，等到完全长成后，可多次开花。

小草的一生

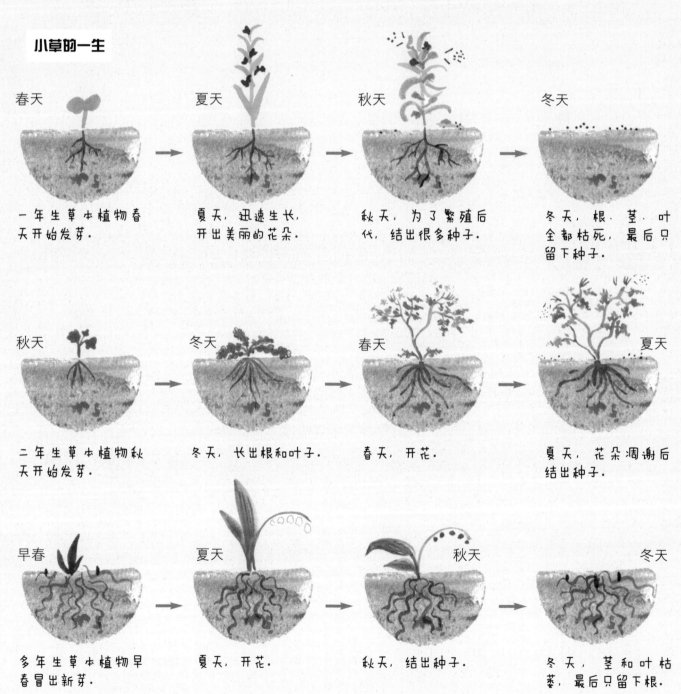

春天　　　　　夏天　　　　　秋天　　　　　冬天

一年生草本植物春天开始发芽。　夏天，迅速生长，开出美丽的花朵。　秋天，为了繁殖后代，结出很多种子。　冬天，根、茎、叶全都枯死，最后只留下种子。

秋天　　　　　冬天　　　　　春天　　　　　夏天

二年生草本植物秋天开始发芽。　冬天，长出根和叶子。　春天，开花。　夏天，花朵凋谢后结出种子。

早春　　　　　夏天　　　　　秋天　　　　　冬天

多年生草本植物早春冒出新芽。　夏天，开花。　秋天，结出种子。　冬天，茎和叶枯萎，最后只留下根。

一年生草本植物

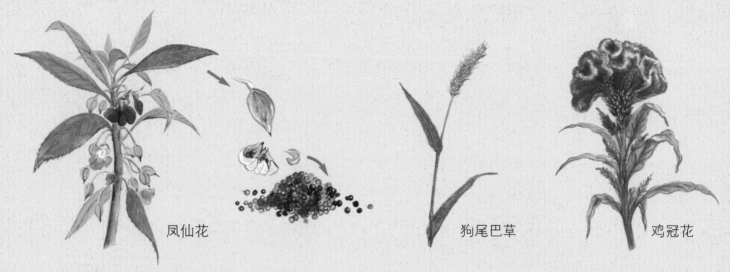

凤仙花　　　　　　　　　　　狗尾巴草　　　　　　　鸡冠花

一个生长季节内完成其生命周期（发芽、生长、开花、结果、死亡）的一年生草本植物有凤仙花、喇叭花、太阳花、水稻、狗尾巴草和鸡冠花等。

二年生草本植物

一年蓬　　　　　　　　　　　油菜

两个生长季节内完成其生命周期的二年生草本植物有阿拉伯婆婆纳、一年蓬、油菜等。

多年生草本植物

多年生草本植物的种子可以说只是一种"辅助装置"，因为它的根和茎冬天仍然存活，次年春天就又变得嫩绿。因此，没有必要必须用种子发芽。

铃兰　　　　　　　　　　　　　　　　　　　　　芍药　　　　　野菊花

存活多年不会枯萎死亡的多年生草本植物有铃兰、商陆、小苦菜、芍药、荷包牡丹和野菊花等。

杂草也是草

人们在田地里栽种的植物叫农作物。如果不能及时对农田进行清理，田间便会长出很多草来，因为它们妨碍了农作物生长，所以被称为"杂草"。

水田里有几十种杂草，主要有狼把草、稗子、水竹叶、马耳草、碎米莎草和狭叶母草等。

杂草的种子无论散落在哪里，都能生长得很好，繁殖能力非常强。杂草一般是一年生草本植物或二年生草本植物，它们生长较快，繁殖周期较短，所以比其他植物扩散更快。

长在水田里的杂草

狼把草

稗子

水竹叶

杂草按照自己的方式生存，不应该把所有的杂草都看成是坏的草。

有些杂草在一定条件下还会变成药草。快速生长的杂草不仅可以防止水土流失，还能起到提高土壤肥力的作用。

哎哟，拔不动呀！

草长得太快啦！

生长在地里的杂草品种很多，有狗尾巴草、马齿苋、马唐、龙葵、灯笼草、荠菜和蕺荬等。

归化植物中也有很多杂草，像粗毛牛膝菊、大狼把草、豚草、飞机草、洋野黍和白孔雀草等。

生长在地里的杂草

马唐

马齿苋

龙葵

归化的杂草

粗毛牛膝菊

白孔雀草

小草和其他生物和谐共存

如果在花草茂盛的地方仔细观察，就会看到不少小生物或昆虫在草间活动：有蜗牛一样的软体动物"咯吱咯吱"地啃着树叶；有些节肢动物或小鸟在吃着草籽；还有微生物分解着枯萎的茎叶，最后把它变成养分。

红珠绢蝶

麒麟草

有些小草和特定的动物维持着特殊的生态关系，我们称之为"寄主植物关系"。"寄主植物关系"指的是提供食物的植物，和以植物为食的动物或昆虫之间的关系。

红珠绢蝶只生活在有麒麟草的地方。因为它的幼虫不吃其他植物，只吃麒麟草。红珠绢蝶在麒麟草的茎上产下卵，次年春天，突破虫卵的毛毛虫以麒麟草的叶子为食，等到条件成熟时，蜕变成美丽的蝴蝶。很多蝴蝶就是这样依靠寄主植物来维持自己种族生存繁殖的。菜粉蝶就是其中一种。

有些昆虫只生活在特定的植物附近。植物给这些昆虫提供食物，昆虫将植物的种子带到其他地方。它们为了自己更好地生存，保持着良好的合作关系。

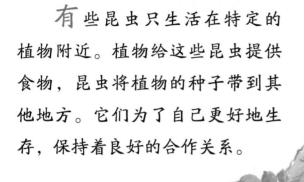

有些植物为了繁殖，种子的表面会沾有植物蜜腺分泌的甜蜜。蚂蚁或其他动物被香气吸引后，会把它们的种子搬走，从而实现了植物的扩散繁殖。

蚂蚁

😊 以虫子为食物的"食虫植物"

"食虫植物"补充自身营养成分的方式很特别。它们既能像其他植物一样通过光合作用制造有机物，由根部吸收无机物，又能像肉食动物一样，抓取昆虫作为食物。它们虽属植物，却具有动物的特征。常见的食虫植物有猪笼草、捕虫草和茅膏菜等。

猪笼草

能吃的草和不能吃的草

山上生长的草中有许多是可以吃的。

在过去，山村里食物十分贫乏，村民们将挖来的野菜做成小菜吃。

在食物特别丰富的今天，野菜作为天然无公害食品，仍然备受人们的喜爱。农民伯伯们也会种植大量的野菜去集市上卖。

今天挖什么野菜啊？

小根蒜

大叶蟹甲草

短毛独活

春天的野菜比较嫩，味道较好。夏天的野菜长得飞快，味道却不那么好，所以夏天人们就不怎么吃野菜了。有趣的是，野菜长成后也会开出美丽的花朵。

猪牙花

（ráng）蘘荷

东风菜

蕨菜

野菜

猪牙花的幼苗是可以吃的，人们常把它做成凉拌菜。

生长在山谷中阴暗潮湿处的蘘荷比较特别，它的花蕾和花茎都能食用。

我们一般吃的是野菜的嫩叶和幼芽：山芹、短毛独活、大野豌豆、蕨菜等野菜，吃的是嫩叶；棱子芹，吃的是嫩茎；蜂斗菜，吃的是叶柄。而小根蒜则不同，地上的嫩茎和叶、地下的鳞茎和根都能食用。

在民间，有很多草都常被用作药材。有的整棵都可作药材；有的只用根、茎、叶或花等特定部位。

芍药不仅有益于身体健康，而且开出的花也很漂亮呢！

三枝九叶草

当归

芍药

药草

毒草

铃兰

断肠草

尖被藜芦

北重楼

驴蹄草

千万不要随便触摸或食用山上的毒草呀！

其实很多植物都是有毒的。这是它们为了保护自己不被食草动物吃掉的生存战略。因此，不要随便触摸或食用山间树林中的草。特别是断肠草、驴蹄草、北重楼、多被银莲花、尖被藜芦、铃兰、大菟葵、延龄草等，绝对不能食用！

小草与未来产业

人们通过对小草的深入研究，已经发现了很多可以治愈疾病的药材。所以，再不起眼的小草也不能轻视它。

三枝九叶草的根、茎、叶被广泛用作制药的原材料。

还有很多花草较适合开发成观赏植物。
比如，性喜阴暗潮湿环境的玉簪具有较高的
观赏性，被开发成了庭院植物。矮假升麻被
带到欧洲，开发成了园艺植物进行销售。

玉簪

矮假升麻

人们通过对多种植物进行研究，用园艺方法培育出了各种各样可
供观赏的植物。

29

地球上正在消失的小草

虽然我们身边有各种各样的花草，但很多花草在不知不觉间消失了。据说，过去400年间地球上消失的草有好几千种！

风兰

禁止非法开发林业资源

在山上发现漂亮的野花或药草时，请不要随意采摘。我们不仅应该保护大树，更应该好好保护小草，这样才能让更多的生命持续生存下去。我们把这叫作"生物多样性保护"。

地球上小草消失的主要原因是人类对植物生长环境的破坏，比如修路、盖房子、建工厂、造农田等，使长期生长在这里的植物失去了它们赖以生存的家园。

小草含有植物营养素

植物含有具备神奇作用的营养素，即植物营养素。植物营养素也可以说成是植物为保护自己免受害虫、微生物、紫外线等的伤害而制造的免疫物质。田野中生长的当季植物含有的植物营养素比人工栽培植物含有的更丰富。在油腻食物无处不在的今天，充分摄取植物营养素对健康是非常有利的。

植物营养素

与小草亲密接触

小草在我们身边随处可见，它们绽放出美丽的花朵，并四处播撒种子、延续生命，是不是很不可思议啊！让我们一起用身边的小草做一个有趣的游戏吧，这样还能熟悉小草有趣的名字呢！

来一场有趣的"斗草"游戏吧

① 在山里或田野里寻找一些适合玩斗草游戏的三叶草和车前草。

② 取下三叶草的梗或车前草的茎。

③ 草茎互相交叉，双方用力拉扯。

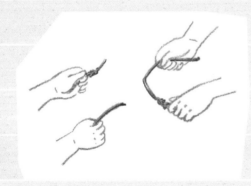

④ 拉扯草茎的过程中，草茎先断的一方输。

哇，我赢啦！

我们再来一次吧！

用小草的叶子做个船

① 找一找像芦苇或紫芒叶一样又长又宽的叶子。

② 将草叶从上往下折。

③ 把下面的叶子往上折过去。

④ 如图所示，在叶子的上下两端用小刀划开。

⑤ 在上下两端已经划好的3股中选1股插入另外2股之间，牢牢固定好，这样就完成了。

将做好的草叶船放在小溪里，看它能漂多远吧！

太有意思了，我也要试一试！

熟悉一下小草有趣的名字

形状相似的小草。

叶子形状像松树叶一样的小草。

蓬子菜　　　　垂花百合

叶子形状像雨伞或斗篷的小草。

兔儿伞　　　　北重楼

叶子形状跟玉簪很像的小草。

羊耳蒜　　　　玉簪　　　　七筋姑

茎上有节点的小草。

扁蓄　　　　蚕茧草

叶子像狍子耳朵的小草。

獐耳细辛

花朵像鹿蹄的小草。

鹿蹄草

特征相似的小草。

生长在岩石上的小草。

叶子常青的小草。

瓦松

卷柏

胡豆莲

万年青

与我们的生活用品相似的小草!

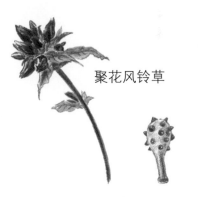

聚花风铃草

紫红色的小花聚集成圆形，
形成棍棒形状。

石沙参

花的形状像灯笼一样。

像弓背一样弯曲的花梗上
挂满了荷包形状的小花。

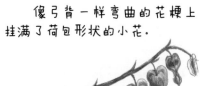

荷包牡丹

果实的形状像长针的草。

哇，是长籽
柳叶菜啊!

长籽柳叶菜

小草茁壮生长，世界更加美丽

健康的植物在维持地球生态系统方面发挥着重要的作用，因为它是所有生物得以延续的最根本的食粮。但是，由于人类不断破坏环境，使得植物生存的空间逐渐缩小；加上具有较强生命力的外来植物肆意侵入，使得一些地区原本平衡的生态系统被破坏。如果想使本土植物健康地生长下去，就必须努力阻止外来植物的肆意侵入。

铲除快速蔓延的小草吧

有些小草具有超强的繁殖力，阻止了其他植物的生长。其中，有些小草是有毒的，有些可以引起花粉过敏，例如，刺果瓜、野莴苣、豚草、三裂叶豚草和加拿大一枝黄花等。

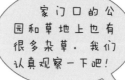

家门口的公园和草地上也有很多杂草，我们认真观察一下吧！

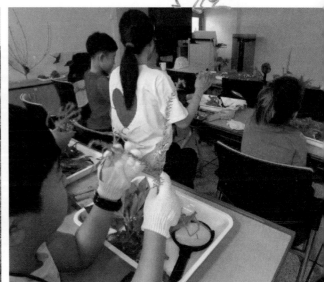

鹭兰

一定要保护好这些花哦!

大花杓兰

保护濒危的植物

鹭兰和大花杓兰等珍贵的兰花因为被一些贪心的人肆意摘取,正在逐渐消失。我们应该管理好珍贵的本土植物,努力保护好它们。

请保护本土植物!

鹭兰　大花杓兰

保护濒临灭绝的野生植物尤其重要,但是总有一些人偷偷采摘以作观赏。国家应当制定相关法律,设定天然保护区,使它们免受破坏。不管多么珍贵美丽的植物,如果被人们肆意摘取或毁坏,终有一天会消失。

一到冬天，小草的茎叶便会枯萎。但是你知道吗？这些小草的生命力却比大树更强。森林里的植物大多是非常高大的树木，因此，一说到植物，首先想到的便是大树。实际上，小草比大树更能适应现在的地球环境，一些植物学家也认为小草比大树进化程度更高。小草能够在各种各样的土地上生长，并且可以生长在森林线以上的高山地带或极地，而大树在这些地方是无法生存的。小草在和各种生存环境做斗争的过程中，锻炼出了较强的适应能力。对地球生态系统起重要作用的森林，由大树和小草组成。如果说大树是森林生态系统的骨架，那么小草便是森林生态系统的血肉。构成森林骨架的大树发芽生长，最后形成森林的外表。而小草在地上长出新芽和花朵，散发着更强的生命力。长满花草的森林便成为了生物界宝贵的乐园。尽管花草的生命如蜉蝣一般短暂，但是它们同其他生命体一样，尽情地发挥着自己的生态习性，在森林中与其他植物和谐共存。小草与其他植物在空间、阳光、水分、土壤等方面彼此谦让又相互竞争，以此延续着自身独特的生命。如果没有小草，间接或直接以小草为食的人类、动物或微生物将很难维持生命。虽然小草看似微不足道，但是我们应该知道，它同人类一样是构成地球生物多样性的物种之一。因此，不只是人类，地球上的所有物种都同样拥有生存的权利。如果我们以这种观念对待小草，相信我们生活的地球将会变得更加美好和健康。

玄真午

神奇的自然学校（全12册）

《神奇的自然学校》带领孩子们观察身边的自然环境，讲述自然故事的同时培养孩子们的思考能力，引导孩子们与自然和谐共处，并教育孩子们保护我们赖以生存的大自然。

主题包括：海洋/森林/江河/湿地/田野/大树/种子/小草/石头/泥土/水/能量。

©2021辽宁科学技术出版社
著作权合同登记号：第06-2017-54号。

版权所有·翻印必究

图书在版编目（CIP）数据

神奇的自然学校. 小草大世界/（韩）玄真午著；（韩）
崔惠珍绘；白春爱，陈秀秀译. —沈阳：辽宁科学技术出版
社，2021.3
    ISBN 978-7-5591-1494-5

    Ⅰ.①神…   Ⅱ.①玄… ②崔… ③白… ④陈…   Ⅲ.①
自然科学—儿童读物 ②草本植物—儿童读物   Ⅳ.①N49
②Q949.4-49

中国版本图书馆CIP数据核字（2020）第016490号

出版发行：辽宁科学技术出版社
            （地址：沈阳市和平区十一纬路25号   邮编：110003）
印 刷 者：上海利丰雅高印刷有限公司
经 销 者：各地新华书店
幅面尺寸：230mm×300mm
印   张：5
字   数：100千字
出版时间：2021年3月第1版
印刷时间：2021年3月第1次印刷
责任编辑：姜 璐
封面设计：吴晔菲
版式设计：李 莹 吴晔菲
责任校对：闻 洋 王春茹
书   号：ISBN 978-7-5591-1494-5
定   价：32.00元

投稿热线：024-23284062
邮购热线：024-23284502
E-mail：1187962917@qq.com